U0108619

歷史未解之謎

植物大戰殭屍2
未解之謎漫畫

笑江南 編繪

中華教育

主要人物介紹

向日葵

紅針花

菜問

榴槤

火炬樹樁

豌豆射手

大嘴花

高堅果

棱鏡草

堅果

殭屍博士

海盜船長殭屍

海盜殭屍

騎牛小鬼殭屍

飛機頭殭屍

功夫氣功殭屍

武僧小鬼殭屍

導　讀

　　探求真相是歷史學科的基本使命。但在歷史的浩瀚長河中，存在着眾多的人物、事件和現象，雖歷經多年研究卻依然迷霧重重。

　　歷史遠去，而流傳至今的史料記載在多大程度上接近真相，是已經無從考證的問題。宋朝的開國君王趙匡胤是被他弟弟所害還是自然死亡？拜占庭帝國末代皇帝君士坦丁十一世是不是戰死在與奧斯曼軍隊的決鬥中？俄國沙皇亞歷山大一世是突發疾病去世，還是無意皇位而退隱江湖？⋯⋯這些問題可能永遠都沒有確定的答案。

　　古代君王集各種大權於一身，他們的個人好惡經常對政府的決策產生重大影響。如清朝巨貪和珅聚斂的財富相當於清政府十餘年的財政收入總和，但他卻一直很受乾隆皇帝的青睞。有的君王還會出於國家利益的考慮做出一些有悖常理的決策，如英國伊麗莎白女王在皇家海軍勢力衰微的情況下，不惜藉助本國海盜的力量與西班牙爭奪海上霸權。

　　創造歷史的不只是帝王將相，還有人民羣眾。他們的設計和發明體現了集體的智慧。秦始皇手下的鐵匠們掌握了在青銅劍表面塗上鉻鹽的技術，使得千年前的古劍出土時依然光亮如新。明成祖朱棣時期的建築工匠們齊心協力，設計建造了巍峨雄壯的紫禁城。

　　中華文明自誕生後歷經數千年而延綿不絕，這實際上是文明史上的一個特例。更多的古代文明或國家則是一度繁榮後銷聲匿跡，只留下斷壁殘垣告知後人它們曾經的輝煌，如在柬埔寨建立了吳哥窟的高棉帝國和一度活躍在中國西部、創建了尼雅文明的精絕國。

復旦大學歷史學系副教授　歐陽曉莉

CONTENTS
目 錄

CONTENTS
目　錄

CONTENTS
目　錄

古代奧林匹克運動會是怎樣誕生的？

歡迎各位來到植物鎮奧林匹克運動會的現場！

植物鎮奧林匹克運動會

比賽才剛剛開始，菜問就以火箭般的速度，遙遙領先於其他選手！

糟糕，一開始跑得太用力，現在有點兒體力不支了……

沒人過來，我可以先休息一下。

1、2、1、2、1……

我一定是第一。

親愛的觀眾們，目前跑在第一位的會是誰呢？

竟然是白蘿蔔，這太讓人意外了！

1、2、1、2……

糟了，睡過頭了！

必須得加把勁，一定要追上他！

好像有甚麼東西過去了？

你給我站住，偷偷超過我的傢伙！

1、2、1、2、1、2……

沒想到比賽出現了戲劇性的一幕，菜問又趕了上來！如此激烈的賽況，真叫人熱血沸騰！

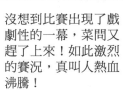

菜問違反了奧林匹克精神，罰紅牌出局！

奧林匹克精神？

奧林匹克精神宣導我們要相互理解，重視友誼，增進團結和公平競爭。你剛才的行為屬於惡意競賽，而且非常危險！

比賽難道不是為了爭奪第一名嗎？

你要牢記，參與比取勝更重要！古希臘時期，舉辦奧林匹克運動會前後，各地的戰爭都要停止，進入「神聖休戰期」，這個規定持續了很長時間。

看來是我沒有理解比賽的意義……

還有，你突然拉住正在跑馬拉松的人，可能會導致他重力性休克，甚至猝死。

天哪，我沒想到會這麼嚴重。

我秉持奧林匹克精神，不跟你計較了。

奧林匹克運動會是怎麼出現的呀？

傳說，是古希臘人創造了奧林匹克運動會，最初它是一種宗教慶典活動，

古希臘人想用熱鬧的賽事博得居住在奧林匹斯山上各位神靈的歡心。

《荷馬史詩》中寫到，在英雄阿基里斯的葬禮上，舉行了戰車、拳擊、賽跑等競技賽會。這被認為是古代奧運會的前身。

把自己累個半死，只為討別人歡心？

聽上去，奧運會好像真是因某種特殊祭典而出現的。

奇跡出現了，當前面的兩位選手亂作一團時，堅果竟然率先衝過了終點！

請問獲得第一名，你有甚麼感想嗎？

我特別想感謝我哥。每次考完試，他總會陪我練「飛毛腿」，我才能有今天的成績。

考試得了 18 分，你不在家學習，還敢出來跑馬拉松！

還真是「飛毛腿」呀！

我最近想健身，甚麼運動能使人開心？

當然是跑步呀。你沒聽過「五十步笑百步」嗎？

關於古代奧林匹克運動會的起源，眾説紛紜。通常認為它誕生於公元前 776 年，最初是敬獻給奧林匹斯山上眾神的宗教慶典活動。古希臘時期，奧運會是倡導和平的賽事，它每四年舉行一次，比賽期間，希臘各城邦需休戰。而奧運會上的馬拉松長跑則要追溯至公元前 490 年，是為了紀念在「希波戰爭」中傳送希臘獲勝消息的戰士而設立的。

斯巴達克斯起義為何會失敗？

今天是我們航海兩周年紀念日！

好棒，應該慶祝一下！

你說點甚麼？

點一條紅燒魚吧？

我讓你發表感想，沒讓你點菜！

啊？每天午餐只准我吃麵包，我都受不了！

我要為了自由抗議，就像斯巴達克斯一樣起義！

你可沒資格說這樣的話。

你瞧不起我？

別誤會，我是說我們海盜都沒資格提起斯巴達克斯。

這是為甚麼？

因為斯巴達克斯最後是被海盜出賣才陷入絕境的！

那麼倒楣？船長，斯巴達克斯到底經歷了甚麼？

你不是要模仿他起義嘛，怎麼會不知道？

嘿嘿，我只是道聽途說了一點故事。

好吧，我給你講一講。

斯巴達克斯率領的那些角鬥士最開始是古羅馬貴族的奴隸，他們常常為了滿足貴族的娛樂需求，被迫自相殘殺。

比我還慘！

終於有一天，他們再也無法忍受這種生活了，領頭人斯巴達克斯召集了 200 名驍勇善戰的奴隸角鬥士，反抗暴虐的羅馬政府！

遭受不公就應該抗議！

斯巴達克斯起義發展得很快，沉重打擊了羅馬帝國的統治。

肯定有很多失去自由的奴隸加入他們吧？

不僅僅是奴隸，許多破產的平民也紛紛加入了他們，這支軍隊人數最多時，達到了 12 萬人。

後來呢？他們勝利了嗎？

這場起義持續了三年之久，不幸的是，斯巴達克斯勇士最後被羅馬軍團圍剿覆滅了！

為甚麼會這樣？他們不是很勇猛嗎？

原因很複雜。一方面，斯巴達克斯起義軍缺乏強有力的領導，紀律鬆散；另一方面，當時羅馬帝國非常強大，起義軍還沒有力量推翻它。

那你剛才說的被海盜出賣是怎麼回事？

據說奇里乞亞海盜收了斯巴達克斯的錢，答應幫他們坐船逃走，轉眼卻又把出逃路線告訴了羅馬政府！

真給我們海盜丟臉！

斯巴達克斯起義的故事講完了。你還要堅持嗎？

當然，我絕不放棄！

那你跟我去甲板上談談，我給你自由。

真的嗎？

你同意跟我簽訂更公平合理的勞工合同了？

別急，你先站到那邊去。

你看向大海！

啊，真是「海闊憑魚躍，天高任鳥飛」！我馬上就要自由啦！

下去吧！

咕咕～

騙子！

這是我為你準備的自由——泳！

救命啊！

嚐到自由的味道了嗎？感覺怎麼樣？

太鹹了！

斯巴達克斯起義從公元前 73 年持續到公元前 71 年，是世界古代史上規模最大的一次奴隸起義，參與人數最多時達到 12 萬，卻仍不敵羅馬軍隊的圍剿，最終以失敗收場。關於斯巴達克起義失敗的原因，可以從缺乏統一的領導和行動方針、隊伍鬆散不團結、沒有得到大眾支持等多角度進行思考。

古羅馬第一軍團為甚麼會神祕消失？

昨天我看了電影《羅馬假日》，羅馬真是太美了，我好想去一次。

想去就去。

可是羅馬離植物鎮太遠了。

你可以去中國的「羅馬城」啊。

那裏曾是古絲綢之路上的交通要塞。20 世紀 80 年代，人們在那裏發現了古羅馬和古希臘風格的建築，稱之為「驪靬遺址」。

原來如此。

中國的「羅馬城」？在哪裏呀？

在中國甘肅省永昌縣的者來寨村。

驪靬遺址

驪軒是中國西漢時期一座古城的名字。

羅馬人怎麼會不遠萬里跑到中國境內築城呢？難道他們想征服中國？

他們自己都是逃難過來的，怎麼會對別人心存不軌？

逃難？有誰在追捕他們嗎？

據傳聞說，驪軒古城的那些羅馬人，就是曾經鎮壓斯巴達克斯起義的古羅馬政府軍首領——克拉蘇手下的軍團呢。

我想起來了，火炬樹椿老師說過那是一支特別兇狠的隊伍。不過，他們那麼厲害，怎麼會被打到逃亡？

「勝敗乃兵家常事」嘛。公元前 53 年，古羅馬與安息國大戰，克拉蘇率領大軍進攻卻遭到安息軍隊的圍剿，連他本人都被抓住斬首了！

只有克拉蘇的長子帶着第一軍團 6000 多人突圍成功。

最讓人驚奇的是後來發生的事情！

發生甚麼？

大戰後過了 33 年，古羅馬與安息國簽訂了停戰合約，雙方都釋放了俘虜。可是，這時羅馬人卻發現第一軍團那 6000 多人全部神祕失蹤！

天哪……那麼，他們逃到中國了？

嗯⋯⋯雖然沒有史料直接指明第一軍團就是逃亡到中國了，但《漢書·陳湯傳》上記載，

當時西漢西征匈奴時，對方首領的手下有一支奇特又兇猛的僱傭軍，非同尋常！

那僱傭軍到底有甚麼奇特之處？

他們呀，以步兵百人舉着盾牌，組成「魚鱗陣」攻擊人，還在土城外設置「重木城」，這些可都是古羅馬軍隊最常用的作戰手段！

看來這宗「千古懸案」的答案很明顯了呀！

沒錯，聽說現在的者來寨，就是過去驪靬古城的遺址，很多當地居民還有羅馬人和中國人混血後裔的長相特徵呢！

看來去那裏旅遊不錯，既能一睹羅馬風采的縮影，還能欣賞混血帥哥！

都在瞎聊甚麼？不多讀書，就知道整天說八卦！

老師⋯⋯

我說的難道不是事實？

科學家從者來寨 91 名志願者身上採集 DNA，檢測證實驪軒古城的居民與羅馬人無關，還證實了那「魚鱗陣」也並不是古羅馬獨有的，中國兵法中有同樣的「魚麗陣」。

唉……這麼說來，那裏也不是「混血兒之都」啊。

你們說甚麼混血兒？我剛好認識一羣混血兒。

你也是，上課不認真聽講，天天就知道睡覺！

一羣混血兒？你要介紹給我認識！

蚊子不就是混了我們大家血的「混血兒」嗎？

我還是很想去羅馬，該怎麼辦呢？

你沿着大馬路往下走，肯定能到，因為「條條大路通羅馬」嘛！

古羅馬與安息國大戰時，克拉蘇率領的軍團被圍覆滅，僅其長子麾下的第一軍團有 6000 多人拚死逃了出來。後來兩國簽訂了停戰合約，卻發現這 6000 多人離奇失蹤了。對第一軍團的下落，人們一直爭論不休。有西方學者認為，他們逃到了中國定居。但後來科學家通過 DNA 檢測否定了這種說法。至此，甘肅省千年之前遷來的那些奇特居民到底是誰，還是一個歷史謎團。

匈奴人西遷後去了哪里？

這裏真棒啊！

來匈牙利旅遊不錯吧？

我們買點紀念品帶回去吧！

不要，有錢還不如買好吃的。

就知道吃，你看你都胖成甚麼樣了！

我這是在為你們省錢。

如果行李超重，登機時還需要加錢，但人超重就不用。

兩位要不要嚐一下匈牙利的國菜「古雅什」？

這不就是薯仔燒牛肉嗎？和中國的做法好像啊！

兩國之間是有甚麼淵源嗎？

說起來，確實有人認為，匈牙利人的祖先可能是中國古代北方的少數民族匈奴人。

匈奴人長期活動於北方草原，他們經常侵擾周邊地區，掠奪財富。

那他們怎麼會跑到匈牙利去呀？中國和歐洲相距這麼遠。

說來話長。西漢武帝時，漢朝已十分強盛，他們不想對匈奴一味退讓，於是開始反擊，使匈奴元氣大傷。

匈奴就此投降了嗎？

那時並沒有，但匈奴內部亂了起來。後來匈奴分裂為北匈奴和南匈奴，從此再也沒有統一過。

那西遷的是北匈奴還是南匈奴呢？

北匈奴。分裂後南匈奴臣服於漢朝，日漸興盛。但北匈奴仍堅持與漢朝對立，又遭遇鮮卑族人的進擊，在幾面夾擊之下，不得不走上西遷的道路。

現在從中國到匈牙利乘飛機需要近 10 個小時，他們騎馬、走路，花了多長時間才到達歐洲的呀？

也就 200 多年吧。

200 多年？

是呀，匈奴西遷是一個漫長的過程。

奇怪，為甚麼我在歷史書上沒看到過這樣的記載呀？

那是因為匈奴人沒有自己的文字，具體遷徙的過程也很難考證，所以一般書上都說：從此北匈奴不知所蹤了。

如果真是這樣，那匈奴人這一路一定經歷了很多曲折。

北匈奴在西遷途中，曾經佔領過悅般、康居、栗特、阿蘭等國，給這些國家的人們帶來了極大災難。

阿蘭國…… 我想起來了，阿蘭人是生活在黑海北岸的草原遊牧民族，崇尚冒險和武力。

是的，阿蘭人也很勇猛，但他們仍然敵不過匈奴人的鐵騎。

阿蘭國被征服的消息傳到東歐後，引起了軒然大波。在這之前，大家都沒聽說過「匈人」，更不知道他們來自何方。

在這之後，這些匈奴人又征服了東哥特國和西哥特國，最終建立了匈奴帝國！

沒想到他們這麼強大。

可是，匈奴帝國並不能等同於匈牙利……

你說得沒錯。453 年，匈奴帝國的首領阿提拉去世，全國陷入混亂。被欺壓的歐洲各國紛紛起來反抗，匈奴帝國自此消失了。

又一次消失了？

那麼，匈牙利人並不是匈奴人的後裔？

這個問題至今還存有爭議。匈牙利人確實擁有匈奴血統，但不是很純正。

是的。有學者認為，那些匈奴隊伍退守到了不同的地方，最後都融入了當地的民族。

你可別瞎說啦，匈牙利人的祖先是馬扎爾人，跟匈奴人可沒關係！

沒關係？我才不信呢！

你們就不能好好享受美食嗎？

還真有點餓。

這份多少錢？

100 元。

那邊只要 60 元！

這麼貴？

我這裏「買一送一」，你花100元可以吃兩樣東西喇。

還有一樣是甚麼？

這麼划算？那我付了。

給！

你說能吃到兩樣東西，怎麼就一份「古雅什」？

還有一樣是「吃虧」！

給我吃一半就好。

喏，這一半薯仔給你吃！

374 年，一支號稱「匈人」的騎兵出現在歐洲東部東哥特國，其超乎尋常的強悍善戰震驚了歐洲。不久他們又佔領了匈牙利平原，建立了強大的「匈奴帝國」。有學者認為，出現在歐洲的「匈人」即中國古代的匈奴人，是漢代時北匈奴人的後裔，但也有學者持反對意見。這使北匈奴人的去向變得更加神祕了。

聖殿騎士團為甚麼會被取締？

護駕！

惡龍，衝我來！

看我絕招，「惡龍咆哮」！

得，這下變成「餓龍咆哮」了。

正好我帶了三文治，一起吃吧！

我是國王，你得聽我的，不許停下來！

哼，你等着。

喂，你是騎士，怎麼能跟惡龍一起吃東西呢？

我餓了，先不玩了。

番茄醬

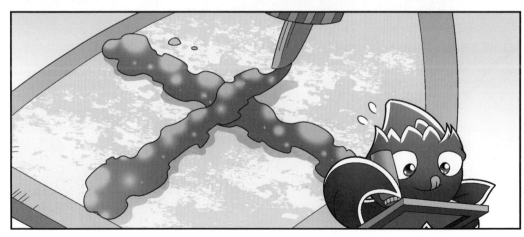

我現在不用聽你的了!

為甚麼?

我現在是聖殿騎士,直接聽命於教皇,不用聽國王的命令!

別耍賴,誰告訴你的?

我看網上的歷史資料說的!

我們的遊戲規則裏沒有這個!

都別吵啦,你看這裏,資料上確實寫了。

給我看看!

你笑甚麼？

哈哈！

這上面雖然說法國的聖殿騎士團不用聽國王的命令，

但是聖殿騎士團最後恰是被國王給「團滅」了的。

怎麼可能被「團滅」？他們那麼強大！

這聖殿騎士團到底是幹甚麼的？

聖殿騎士團約在 1120 年成立，最初是由一羣熱衷於宗教的騎士自發組成的。

他們的勢力比國王還大嗎？

當然，經過 200 多年的發展，聖殿騎士團在多次異教徒戰役中大獲全勝，在西方民眾裏可是大受歡迎呢！

那他們就是當時的明星呀！

他們比明星還要受歡迎，許多信徒都向他們捐贈財產，使得聖殿騎士團漸漸變得富可敵國。

好羨慕！

那又怎麼樣？財產還不是全充公了。

哼！

守貧、服從和過集體生活，都是聖殿騎士團的道德約束法則。

僅僅是因為這樣嗎？那他們太可憐啦！

這上面可是說了，聖殿騎士團違反了教規，腓力四世國王也不滿他們大肆斂財，便下令將他們全部燒死了！

甚麼教規啊？

我覺得哪個國王都容不下這種不聽話的團體，為了維護自己的皇權，肯定要借機打壓的嘛！

哎，你把皇冠給我，讓我當龍王，說不定就能去救他們了！

你想當龍王，會下雨嗎？

你等着！

這是我的降雨法寶！

一個瓢？

是啊，這不就是名副其實的「瓢」潑大雨嗎？

你要是再這樣無理取鬧，我就用你的剋星「降龍十巴掌」了！

我錯了！

法國歷史上著名的「聖殿騎士團」在 1307 年被國王腓力四世以「異端」名義下令虐殺，盛行一時的團體突然被取締，其原因早已成謎。專家的推測有很多，最常見的有兩種說法。一種是說，聖殿騎士團當時是腓力四世的最大債主，腓力四世為了不用還款而捕殺了他們；另一種則說，聖殿騎士團與宗教思想狂熱的腓力四世信仰相悖，所以不被國王所容而遭到滅頂之災。

高棉帝國為甚麼走向了衰亡？

我們的航行速度太慢了，得想辦法加速啊！

船長，前方海水發現異樣！

我們可能是到了太平洋和大西洋的分界線了，海面下是兩種不同的海水溫度和生物環境，所以導致海水呈現出兩種顏色！

雙海分界、兩洋合流處的水下都藏有洋流，我們能利用洋流加速前進，節省燃料啦！

我這心裏總有點兒忐忑。

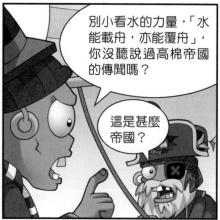

別小看水的力量，「水能載舟，亦能覆舟」，你沒聽說過高棉帝國的傳聞嗎？

這是甚麼帝國？

高棉帝國是 4 世紀前後建立於如今柬埔寨境內的一個國度，它擁有偉大的宗教建築吳哥窟，因此也被稱為「吳哥王朝」。

這和我們航海有甚麼關係？

高棉帝國的人曾經非常自信地認為自己能夠控制水的力量，最後卻因為水的失控，導致了國家衰敗！

他們到底做了甚麼啊？

高棉帝國的地理環境非常複雜，每年的旱季和雨季各佔六個月，有時河水氾濫、沖毀田莊，有時乾旱異常、寸草不生，農業發展嚴重受阻呢！

哎喲喲，這種鬼地方，打死我也不會去！

這不，高棉工程師修建了一個由運河、護城河、池塘和水庫構成的水系網路，雨季時將過量的水引入水庫中儲存起來，旱季再用來灌溉農田。

厲害！可這得要多大的水庫啊？

據說高棉帝國的西巴雷水庫，長約 8000 米、寬 2400 米呢！

這麼大的水庫，需要很多人才能建成吧？

科學家估算，在一千年前要修建這樣的水庫，需要 20 萬人才行！

唉，如果這 20 萬人都是我的手下，我早就征服四大洋了！

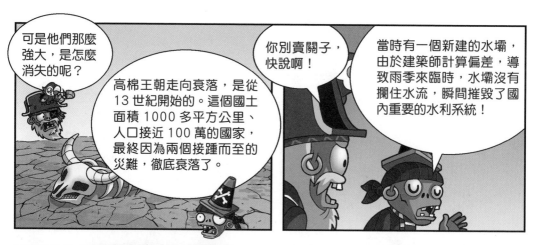

可是他們那麼強大，是怎麼消失的呢？

高棉王朝走向衰落，是從 13 世紀開始的。這個國土面積 1000 多平方公里、人口接近 100 萬的國家，最終因為兩個接踵而至的災難，徹底衰落了。

你別賣關子，快說啊！

當時有一個新建的水壩，由於建築師計算偏差，導致雨季來臨時，水壩沒有攔住水流，瞬間摧毀了國內重要的水利系統！

他們真是倒霉啊！

尤其後來受全球小冰期影響，惡劣天氣頻繁出現，失去水利系統的高棉帝國無力招架。

同時，又趕上附近的暹羅國崛起，大肆征戰周邊國家，高棉國就徹底沒落了。

唉，真是「成也因水，敗也因水」，但願我們運氣沒那麼差。

奇怪，我們的船怎麼不前進了？

糟糕，船長，側後方出現一個洋流漩渦！

嘩
嘩
嘩
嘩

雖然於事無補，但我們還是要提前做好應急準備！

嗯！

你在幹嗎？

我在提前適應待會兒捲入漩渦的狀況！

上一秒是海洋漩渦，下一秒就成水龍捲了！

我們這算海盜號飛船嗎？

高棉帝國是柬埔寨的一個古國，13 至 15 世紀由於自然與人為的雙重因素，國內至關重要的水利系統失去作用，帝國走向衰落。但是，有專家認為高棉帝國的滅亡與內部奴隸制社會的瓦解有關；還有專家認為是暹羅軍隊強迫高棉人放棄吳哥，這才造成的帝國殞落。

君士坦丁十一世去哪里了？

這是甚麼？借我看看！

菜問，你當心點！

這是藝術品！

這羣爬樓梯的小人，到底是甚麼意思啊？

這是歐洲人畫的插畫，叫作《君士坦丁堡之戰》！

君士坦丁堡的城主肯定很弱，這情形看上去是要淪陷了嘛。

君士坦丁堡是拜占庭帝國的首都，最後一代君主君士坦丁十一世那時手下只有 7000 人，而攻城的奧斯曼大軍卻有 20 萬人，實力相差懸殊。

啊？那他豈不是被「秒殺」了？

這就是君士坦丁十一世英勇的地方，他用這點戰鬥力，還和奧斯曼大軍周旋了53天呢！

哎呀！他真是一位了不起的君主！

可以這麼說。雖然君士坦丁十一世繼位時的拜占庭帝國早已是苟延殘喘了，但他在位的四年間還是努力維持着國勢，一心希望能夠拯救國家。

唉，又是一位生不逢時的悲劇英雄。

那他最後的結局如何？

有傳聞說，苦戰的最後時刻，奧斯曼軍找到了一扇小門作為突破口，很快攻陷了城堡。

君士坦丁十一世見到闖入的奧斯曼軍隊，舉劍殺入敵軍，戰鬥至死！

是個非常符合他無奈命運的悲壯結局。

但是，自從 1453 年的君士坦丁堡戰役後，就沒人再有君士坦丁十一世的確切消息了，所以這種說法只是眾多推測中最為體面的一種。

對他這樣的英雄，還有甚麼推測？

也有傳言說，君士坦丁十一世其實是上吊自殺的！

沒有證據，我才不信這個說法，肯定是奧斯曼人故意抹黑他。

你說得也對。不過，請讓開一下，我要繼續欣賞裏面的藝術品了。

哼，一個畫冊而已，有甚麼稀罕的！

其實吧，我也有藝術品，你想不想見識一下？

在哪裏？

就在這裏，你湊近看看。

哦？

明明甚麼都沒有嘛，大騙子！

我這叫行為藝術，題目就叫「好奇心」！

……

看，這幅畫畫得栩栩如生。想像一下，如果你正面臨這場大海嘯，你要如何逃生？

簡單，我停止想像就行了。

君士坦丁十一世是拜占庭帝國（即東羅馬帝國）陷落前的最後一位君主，1453 年在君士坦丁堡被攻陷的那一役後，他便神祕失蹤了。眾多傳聞中，被廣泛認可的是君士坦丁十一世在大戰中拼殺至死。可惜，由於缺乏目擊者，這種説法只能算作推測。此外，還有傳言説在君士坦丁堡陷落前，這位君主就早已倉皇逃往羅馬了。

哥倫布航海的目的地到底是哪兒？

招募海員啦！

小子，你要上我的船嗎？

你們有甚麼要求？

很簡單，看臉！

當海盜也靠顏值？

不是，臉皮厚的，才能受得起挫折、經得起風浪啊！

你知道哥倫布嗎？

臉皮多厚才能當海盜？

知道，這位發現新大陸的航海家是我的偶像！

全世界都說他找到了美洲，他自己卻還厚着臉皮告訴別人那裏是亞洲！

難道他不是以現在的美洲為目的地嗎？

不是，他當時更想找到的或許是中國。

哥倫布從小家境一般，他卻野心勃勃，想要走上人生巔峯。而當時想要實現夢想的捷徑有三種：打仗、組建教會和航海。

這又從何說起？

他呢，就選擇了最有利於自己的航海。起初哥倫布制訂的航海計劃並沒有明確目標，只是被人問到目的地時，就隨意地信口回答。

他竟然會這樣？

嗯，不過哥倫布最終憑藉探尋東方國度的目標，說服了國王費迪南德和伊莎貝拉女王同意他出海，才正式踏上了航海者之路。

那他最終找到中國了嗎？

那他是陰差陽錯地成就了另外的偉大發現啊！

當然沒有，由於計算的偏差與風向問題，哥倫布最後登陸了美洲。

對，他當時以為自己踏上的是亞洲的印度，所以稱呼當地人為「印第安人」。

真是曲折的航海經歷啊，不過非常有趣！

不管他的初衷是甚麼，哥倫布都算是航海成功了。

是呀，多虧有哥倫布的航海經歷，才證明了日心說，促進了科學的發展。

怎麼樣，要不要加入我的隊伍，一起踏上偉大的航海之路？

好啊，那個……薪資怎麼樣？

10000 多一點。

薪水那麼高!

10000 多一點,具體是多少?

1000,嘿嘿!

招募海員
薪　資
1000.0/月

船長,沒想到我們的第一艘船就這麼豪華!

不是,是旁邊這個。

?

　　哥倫布發現美洲人盡皆知,但他最初發現美洲時,堅稱找到的是亞洲「印度」。對於他的這種行為,許多歷史學家認為他只是利用「印度」來作為蒙蔽其他探險家的幌子。也有人認為他最想找到的是中國,因登陸後發現當地沒有瓷器和絲綢,人種外貌也不似中國人,而以為所到之處是「印度」。不過,哥倫布的真實初衷,恐怕也只有他自己才知道了。

古印加人為甚麼拋棄「失落之城」？

馬丘比丘的夕陽真美。

是啊。

這座城建在這麼高的山頂上，很像聳入雲端的「天空之城」呢！

它的綽號更特別，叫作「失落的印加城市」，代表着古印加人的文明與智慧。

古印加人？

就是南美洲的古代印第安人呀。

不過，這麼高的山肯定不方便種田，城中的居民靠甚麼為生呢？

吃喝不用愁啦，他們非常聰明，把原本條件惡劣的山地開墾成了梯田！

梯田？

你看那裏，梯田由山頂一直延伸到山腳，在梯田之間還有引水系統來灌溉莊稼。

古印加人果真聰明！

他們還根據不同的海拔種植不同的作物，像現在流行的藜麥就是古印加人的主要口糧。

怎麼沒看到他們的後裔居住在這裏？

因為，他們早就放棄了馬丘比丘，去其他地方生活了。

45

他們怎麼捨得放棄呢？

有人說是因為西班牙人的入侵，但考古學家發現在西班牙人入侵前，古印加人就已經不在馬丘比丘生活了。

嗯，支持這種說法的人認為，古印加人為了不讓西班牙人發現自己的寶藏才提前離開的。

是嗎？

還有人說，馬丘比丘只是印加皇帝設立的一個避暑勝地，本來也只有少部分貴族在這裏生活。

這裏風大，是挺適合夏天來的。

當印加帝國逐漸走向衰敗時，這些貴族自然無法繼續生活在這裏了。

那他們沒有留下甚麼歷史文獻嗎？

古印加人沒有文字，所以沒有留下資料，十分遺憾呢。

真可惜。

甚麼文明？

太陽都下山了，我們也快下山吧。

這裏日落後，會讓我想起另一個古老的文明。

山頂凍（洞）人。

你見到哪座山會最開心？

花果山。

印加文明和瑪雅文明、阿茲特克文明並稱為美洲三大文明。古印加人曾經有過一座美麗的「失落之城」——馬丘比丘。馬丘比丘城體現出了古印加人的高度智慧和高超工藝，他們通過工程技術突破了環境對生活的限制。但是，考古學家在研究中發現，早在西班牙人征服印加帝國前，他們就拋棄了這座城，另尋別處安家建國去了，其原因不得而知。

伊麗莎白女王
為甚麼要支持
海盜？

船長，前
方有海警
在巡邏！

快，我們
快躲開！

我厭倦這種
東躲西藏的
日子了！

給你指
南針。

我們可以換個
方向，不「東」
躲「西」藏，往
「南北」躲躲！

給我這個
幹嗎？

48

我想要的生活是「奉旨打劫」，成為皇家海盜！

你瘋了吧？

才沒有呢，曾經的戴基船長，就是獲得英國皇室認可的皇家海盜！

戴基？怎麼像前兩天穿越的海峽的名字？

沒錯，那就是以他的名字命名的海峽，他是一位傳奇大海盜！

到底有多傳奇呢？

戴基是繼麥哲倫後第二個環遊世界的人！不僅如此，他還從西班牙人的眼皮底下帶回了無數財寶呢。

別晃我了，知道他厲害啦。

正因如此，他獲得了英國皇室頒發的「私掠許可證」！

真不可思議，哪個國王會這樣支持海盜？

他的支持者就是大名鼎鼎的伊麗莎白一世女王！

這位女王是海盜迷嗎？

她不是海盜迷，只是迫於形勢不得不這麼做。

女王還有壓力？

這位女王登基時，面臨巨額的皇室債務要償還。

女王還會這麼窮？

不僅窮，他們國家那時還處在內憂外患的境地，海軍內部腐敗，對裝備也維護得不好，導致國內艦船愈來愈少，不夠用。

她有多少艘船是可以用的呢？

之前亨利八世 1547 年在位時，可航行的大型艦最多時有 86 艘，而 12 年後伊麗莎白在位時，僅有十幾艘可以用。

還不如一支大型商船隊呢。

這讓她的國家無法和當時的「海洋霸主」西班牙抗衡!

面對這種窘境,她要怎麼辦?

她想出了招募海盜的辦法,讓海盜們獲得皇室頒發的「私掠許可證」,幫國家解決戰艦和錢款的問題。

那麼海盜得到這「私掠許可證」有甚麼好處?

可以光明正大地攔截、攻擊和搶劫敵國的商船,甚至襲擊敵國殖民地的港口。

那真是太好了!

普通海盜成為敵軍俘虜會被處死,持有「私掠許可證」的海盜有時還能享有戰俘待遇。

這個不錯!

最重要的是，擁有這個「許可證」就是皇家海盜啦，能翻身成為「吃皇糧」的正規海盜！

真的嗎？

1569年，就有一名叫霍金斯的海盜，被女王任命為「海軍事務委員會專業顧問」。

真棒，那他後來為海盜爭光了嗎？

那當然，1588年英國與西班牙爆發海上決戰，多虧了霍金斯指導製造的新式軍艦「復仇號」擔當戰鬥主力，英國才能大獲全勝。

我們要是也能有一艘就好了！

那場戰役裏皇家海軍只有34艘主力戰艦，其餘參戰的百餘艘都是武裝商船和民船，所以伊麗莎白女王此後常被民眾稱為「海盜女王」。

真是一段海盜光榮史！

我們也要想辦法成為皇家海盜！

我們首先得認識皇室才行。

英國的皇家海盜曾是一批「奉旨打劫」的海盜，支持他們的人就是英國女王伊麗莎白一世。這位女王為皇家海盜頒發「私掠許可證」，讓他們可以在海峽光明正大地掠奪敵國商船。同時，由於當時的皇室海軍腐敗無能，伊麗莎白一世也只能借助皇家海盜的力量去抗擊強大的西班牙艦隊，因此招募海盜也有可能是無奈之舉。

「歐洲霸主」西班牙帝國為甚麼會衰落？

終於踏上美洲了，我要淘金啦！

哪兒有那麼容易！

我挖到啦！

真的嗎？讓我看看！

這不是一個鬧鐘嘛。

你懂甚麼，時間就是金子！

我看你是走火入魔了，當心和以前的西班牙一樣，淘金淘到步入自我毀滅的境地。

黃金使國家富強，怎麼可能讓它毀滅？

西班牙曾是歐洲霸主，經過美洲淘金熱後，卻淪為了其他發達國家的配角。

這是怎麼回事？

1545 至 1560 年年間，平均每年從美洲運到西班牙的黃金多達 5500 公斤。

能分我 1 公斤就好啦！

但是，這種淘金熱讓許多西班牙人向美洲移民，結果西班牙的人口快速減少。

如果我生在那個年代，也要去淘金致富！

你個人是發財了,可來自美洲的金銀卻導致本地市場上的貨幣變多,間接造成了王室貨幣貶值,最終引發了通貨膨脹。

通貨膨脹我知道,就是錢太多、東西又太少,供不應求,結果物價飛漲,人們的生活陷入混亂的困境。不過,他們這屆王室的管理能力是不是也不太強呀?

確實是這樣,西班牙王室貴族比英國差勁多了,從農民手裏搜刮來的土地一味閒置着,也不用心去開發。

浪費資源!

是啊,時間一長,他們本國的工商業發展就逐漸沒落了,大量的物品需要從國外採購。

唉,這就不妙了。

嗯,他們每年從殖民地運回的大量金銀,一轉手又流往英、荷、法等國,所以人們說西班牙是隻「黃金漏斗」。

好像「月光族」喲!

而且,西班牙對美洲殖民地的管理費用,後期還成了財政上的巨大負擔。

看來西班牙真的是被「新大陸」的黃金削弱了力量呀。

算了，我也不想淘金了。

現在的美洲大陸，哪裏還有黃金輪到你來淘呀！

都怪這本書害人！

書又沒錯，畢竟「書中自有黃金屋」嘛。

美洲大陸淘金祕籍

你失眠啊？

「春宵一刻值千金」，我想再熬夜，多賺點金子！

西班牙帝國作為最早發展起來的國家，曾經比英、美、法等國更加輝煌，它的衰落是世界近代史上的一件大事。關於西班牙的衰落，美洲殖民地的開拓與淘金熱的影響也許也是重要的原因。

巴士底監獄是否關押過「鐵面人」?

我發現這裏有一宗靈異事件!

大白天的,巴士底廣場上還能鬧鬼嗎?

你看這些人走路,腳都不沾地!

哪兒呢?哪兒呢?

我騙你的啦,他們都穿着鞋,當然腳不沾地。

可別亂開玩笑,因為這裏當真發生過一段靈異歷史!

是甚麼事啊？

這裏曾經監禁過一位身份成謎的鐵面人！

這巴士底廣場難道以前是監獄嗎？

沒錯。

那鐵面人是怎麼回事？

他是巴士底監獄曾經關押過的最神祕的罪犯，長期戴着鐵面具，沒人知道他的長相！

據說鐵面人雖是囚犯，待遇卻非常好呢，還能享受單人間。

這太讓人好奇他的身份了！

就沒人去探尋真相嗎？

當然有啊，大作家伏爾泰在著作《路易十四時代》裏提過他是一位重要人物。

哈哈看來哪個時代都不缺八卦精神！

是啊，鐵面人一時間成了最火爆的文學素材呢。

都有哪些作品啊？

1965年出版的《鐵面罩》書中講到，鐵面人的真實身份是路易十四的親生父親多熱！

作者沒搞錯吧？

到底可信度有多少，恐怕只有當事人才了解。不過當年也有傳聞稱路易十四是王后的私生子！

這太離譜了。

還有更多腦洞大開的猜想呢。

你快說給我聽聽!

1934年出版的《王后的醫生》一書裏說，鐵面人的身份是警察頭子拉雷尼。

據說有名宮廷醫生在路易十三死後，奉命對屍體進行解剖，不料竟發現死者並不是路易十四的生父，他把這個祕密告訴了拉雷尼。

路易十四有甚麼理由要關押警察頭子呢?

路易十四為了掩蓋醜聞，便下令給拉雷尼戴上鐵面具，囚禁終生!

如果這是真相，對拉雷尼也太殘忍了。

是啊。不過，大仲馬在《三劍客》裏提出的「鐵面人是路易十四孿生兄弟」的說法，影響也比較廣泛呢！

是嗎？

大仲馬說自己推斷的依據是法國大革命後內務部的一份機密文書，文書檔案上有「路易十四誕生於 1638 年 9 月 5 日上午 11 時，兄弟誕生於那夜的 8 時 30 分」這樣一句話。

哎呀，這可信度就很高了。

可惜，已經有歷史學家推翻了大仲馬的「孿生兄弟說」。因為又有資料證明，內務大臣並沒在路易十四出生時的現場。

又一個「真相」撲空了！

太吊人胃口了，史學家們還沒調查清楚嗎？

嗯，與鐵面人有關的證據早已消失，現在流傳的那些說法又各有欠缺，所以至今還是一個謎。

不過，我覺得鐵面人肯定比較大方。

這你是怎麼推斷出來的？

說不定，世紀之謎就要被仙桃的第六感破解了！

因為「鐵面無私」呀！

你臉太大了，面具都遮不住！

你懂甚麼，這證明我漂亮，所以要放大給你們看！

16 世紀，法國巴黎人在巴士底監獄入口處發現一行字，寫着「囚犯號碼 64389000，鐵面人」。鐵面人的真實身份一直成謎，引人遐思。其中，大仲馬在小說《三劍客》中提出的「路易十四孿生兄弟說」影響很廣泛。此外還有潘約里的《鐵面罩》中「國王親生父親說」、維爾那多的《王后的醫生》中「警察長說」等諸多傳聞也都曾流傳一時。

1812 年的
莫斯科大火是
誰引起的？

燈泡壞了，讓你上莫斯科大街上買盞燈籠頂替下，你買的是甚麼？

這是燈籠……

燈籠果！

你就知道吃，燈籠果怎麼照明！

要不我們點蠟燭吧！

點蠟燭，萬一着火了怎麼辦？

莫斯科這麼大雪,不會發生火災的。

誰告訴你的?莫斯科以前就發生過一場世紀大火!

發生在甚麼時候啊?

19 世紀。

火災很嚴重嗎?

整個莫斯科都陷入了大火之中,你說嚴不嚴重?

這場大火是誰引起的?

這個問題至今爭議很大,不好說。

65

有人說這場大火是俄國大將庫圖佐夫放的。

你和我簡單說說。

為甚麼他要燒自己的家？

因為當時的俄國被法國拿破崙的軍隊攻陷了，大將軍利用莫斯科唱了一出「空城計」。法軍輕鬆入城後，他趁其不備，一把火燒光了法軍的糧草和槍械。

沒人救火嗎？

法軍想要救火，卻發現沒有任何滅火工具，只能靠自己的帽子接水滅火，但那只是杯水車薪呀。

那這招是殺敵一千，自損八百啊！

嗯。

你說這件事有不少爭議，那就是說還有其他說法？

有啊，還有人認為是攻城的法國軍隊太過得意忘形，喝醉酒後打翻燭火，才引發火災。

太可怕了。

無論如何，這場大火最終扭轉了局勢，拿破崙軍隊倉皇而逃。

不能用蠟燭……有了，我有辦法了！

甚麼辦法？

我學過一篇文章，叫《鑿壁借光》……

不可以，旅舍會索賠的！

你在窗台搓灰幹嗎？

我聽說「和光同塵」，想看看這灰塵能不能和出一點亮光來！

1812 年，拿破崙率領近 60 萬法軍入侵俄國，佔領莫斯科。但是，當晚莫斯科突發一場大火，全城火光通天，燒光了法國軍隊的糧草和軍械，法軍不得已倉皇撤離。關於火災的起因，有人認為是俄國大將庫圖佐夫放的，目的是為了打擊法軍。還有人認為是法軍自己疏忽造成的。而這場改變了歐洲局勢的大火究竟是如何引起的，至今仍然是未解之謎。

俄國沙皇亞歷山大一世是怎麼去世的？

看上面，是天使像。我也想當天使！

我來幫你！

你幹嗎呀！

唰

想當天使先減肥呀，不然你那麼胖，怎麼飛得起來？

咦，那裏怎麼有一行字？

我看下，「感恩的俄羅斯敬獻給亞歷山大一世」……

原來如此，這天使是按照亞歷山大一世的模樣刻出來的！

亞歷山大一世是誰？竟會被人們視為天使。

他是一位傳奇的俄國皇帝，這根柱子就是紀念他率領俄國人在1812年戰勝拿破崙軍隊而建造的。

真厲害，他能打敗當時在歐洲橫行霸道的拿破崙！

他前期的政績確實不凡，可惜後期開始不問政事，沉迷遊玩，得了個「兩面神」的綽號。

不過，最傳奇的還是他的死亡時間，至今都撲朔迷離！

一國君主的死亡時間，怎麼會沒有記載呢？

有記載啊，但傳言那不過是亞歷山大的詐死手段。

裝死？

死亡記錄上是怎麼寫的呢？

天哪，這太意外了。

因此外界一直有傳聞，說亞歷山大是假借死亡之名，歸隱山林啦。

1825年9月，亞歷山大一世前往亞速海小鎮療養，起初一切都很順利，可短短兩個月後，皇宮突然宣佈了他離世的消息。

歸隱？他捨得自己的王位？

我覺得挺可信的。亞歷山大一世推翻自己的父親才當上君主，這一直是他的心病。

他是有甚麼苦衷嗎？

亞歷山大一世的父親保羅一世是個殘暴不仁的皇帝，他在其子參與的宮廷政變中被殺，

隨後其子亞歷山大一世才登上皇位。

亞歷山大一世登基後，宮廷再度發生政變，他本人差點被刺身亡。

宮廷政治太可怕了。

同時，國都彼得堡也發生了特大洪水，有300多所房屋被大水沖毀，亞歷山大一世認為這是上帝在懲罰他。

唉，這天災人禍都一起發生了！

因此，有人便推測，身心遭到打擊的亞歷山大一世為了擺脫痛苦的現實前去療養，

而他在療養過程中，又產生了隱居山林的想法。

可是，這都是推測，有甚麼證據嗎？

當然有，1921年蘇俄政府開啟過亞歷山大一世的棺柩，居然發現裏面空空如也。

這麼說，亞歷山大一世可能真的沒有死啊！

當年亞歷山大一世身邊有兩位御醫，可他們對皇帝的病程記錄是相互矛盾的。

一個人說病情穩定，一個人說病情加劇！

那還真是疑點重重。

亞歷山大一世的驗屍報告也被人指出和他生前的各種病症毫無關聯。

難道真是偽造的死亡證明？

還有一個傳聞可以佐證。亞歷山大一世去世的十年後，烏拉爾山區出現過一位神祕老人，他舉手投足透露着貴族氣質，而且對沙皇身邊的事情瞭若指掌！

不過，這也有可能是以前的大臣吧？

有人說，這位老人在某段時間內經常收到一位名叫瑪麗亞·費多羅芙娜的女性寄來的錢和衣物。這正是亞歷山大一世母親的名字！

這也太巧合了。

這位神祕老人死亡後，有位富商為他出資安葬，並在他的墓碑上刻了字。

這有甚麼不對勁的地方嗎？

墓碑上的字正是亞歷山大一世在戰勝法國皇帝拿破崙後的稱號！

巧合多了就不是巧合了。

可還是缺乏真憑實據，才尚無定論。

啊，麵包都快吃光了！

那別減肥做天使了，不如換個身份？

那做甚麼？

惡魔！

麵包又吃了一點，這下能變成甚麼？

你那麼能吃，當然是變成小胖子！

1825 年 11 月 19 日，俄國皇宮突然宣佈亞歷山大一世在療養地離世的消息。許多人都猜測亞歷山大一世沒有死亡，而是隱居山林了。存在矛盾之處的病歷記錄、墓地的空棺、後來出現的對亞歷山大一世瞭若指掌的神祕老人……一切都讓這位君主的死更加疑點重重，終究成了一樁歷史上的「懸案」。

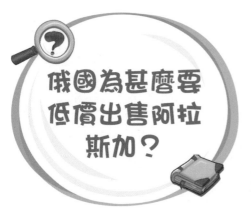

俄國為甚麼要低價出售阿拉斯加？

阿拉斯加
$-,---,---

這都挖了三天了，根本沒有金子嘛！

別泄氣，目光要放長遠一點。

我放長遠了！

你看到希望了嗎？

沒有，我只看到遍地是坑！

我們如果現在停手，到時候會跟俄國一樣，後悔萬分！

俄國為甚麼會後悔？

當初俄國低價賤賣了阿拉斯加，賣完後買主美國發現這地下有着超多的礦產！

你又想騙我！

阿拉斯加再便宜，能便宜到哪兒去？

俄國賣給美國的時候，阿拉斯加每畝地只值2美分！

一共賣了多少錢啊？

720萬美元！

還是一筆巨款啊！

對國家來說，很便宜啦！

俄國為甚麼要賤賣阿拉斯加？

有人說是因為阿拉斯加太偏遠了，又是荒漠冰原，俄國管理不過來，也不稀罕！

懶得管理，也不能賣這麼便宜呀。

還有人說是因為阿拉斯加很容易被英國掠奪，俄國認為不如賣了省心。

這麼大便宜，我們沒早點來撿，唉。

快點挖坑，說不定還能挖到金子！

不挖了，我想到另一個好辦法！

甚麼辦法？

寸土寸金的阿拉斯加州，還有「金礦傳奇」的熱點……

你想怎麼樣？

我打算把這些坑，改裝成礦坑酒店！

看來，你已經有第一批「客人」了！

走開，都走開！

1867 年 3 月 30 日 4 時，俄國正式將俄屬美洲，包括阿拉斯加州和阿留申羣島殖民地在內的廣大地域，低價出售給了美國。至於低價售賣阿拉斯加的原因，有人認為是俄國覺得阿拉斯加州為不毛之地，價值不大，有人認為是英國邊境的軍事壓力對此地產生了負面影響，還有人認為這不過是俄國向美國示好的行為。真實原因，一直不得而知。

「足球」是黃帝發明的嗎？

我能百分百射門！

你又吹牛了。

這球門又高又小，要踢進去，難度跟入樽差不多啦。

所以蹴鞠不用守門員呀！

足球是 11 個人組成一隊，蹴鞠呢？

這個不一定。有時會上場 12 人。

像足球的前鋒、中鋒、後衞等也都有嗎？

球將位置，在古代稱作球頭、驍球、正挾、頭挾、左竿網、右竿網、散立等。

真有意思啊！

菜問，你看這個球，能踢動嗎？

石頭做的球？一腳踢下去，腳指頭豈不是都要腫了？

哈哈！是啊，據說這就是最早的蹴鞠。

這是誰發明的？誰踢得動它呀！

中國古代傳說裏「三皇五帝」中的黃帝嗎？

傳說是黃帝發明的蹴鞠。

嗯，漢代的《西京雜記》、《別錄》等都有過相關的記載呢。

這些石頭球是在哪裏發現的？

1954年，在西安半坡仰韶文化遺址發掘出了這些大小不一的石球。

這片區域曾是黃帝統治的黃河流域，這些石球經鑒定可能就是黃帝時期的產物。

這麼說還有些可信。

蹴鞠和足球，從材質上看，差別還是挺大的。

不過唐代的蹴鞠，就已經有充氣的球了。

那它又是從甚麼時候開始變成黑白色足球的呢？

這個就難說了。其實，中國自從明太祖朱元璋下令禁止軍人進行蹴鞠活動以後，這項運動就或多或少地受到影響了。

至於現代足球的興盛嘛，就得追溯到 19 世紀中葉的英國了，而直到 1863 年，足球運動才基本形成規模。

這麼說，現代的足球和中國的蹴鞠是沒有關係的嗎？

也不能說完全沒關係。2004 年初，國際足聯確認足球起源於中國。

看來，足球是一項世界性的超人氣運動呢。

第二天

你怎麼總是踢到門框上去？這是足球門，不是風流眼。

我知道啊。

那你還往天上踢！

是你鼓勵我要不斷踢高嘛。

你為甚麼愛踢球？

因為，我常聽人說：成功，是留給喜歡追球（求）的人的。

蹴鞠是中國古代的體育運動。漢朝劉向所著《別錄》中提到：「蹴鞠者，傳言黃帝所作。」但據文獻記載，戰國時期蹴鞠即在民間廣泛流行。黃帝是否發明了「足球」，尚缺乏有力證據。在漫長的歲月中，蹴鞠作為一種具有軍事訓練價值的運動而受到統治者們的重視，被列入軍事檢閱項目。可惜，這項運動最終還是走向了沒落。

夏朝的「九鼎」
如今在哪裏？

你猜我身上
甚麼最重？

體重？

語言怎麼會
有重量？

當然不是，
是語言！

你沒聽過「一
言九鼎」嗎？

我當然聽說過這個成語。那這「九鼎」到底有多重啊？

你也太認真啦！這裏的「鼎」在古代是象徵王權的，非常有分量。夏禹時代，就鑄造了九尊鼎，以一鼎象徵一州，劃分天下九州！

傳說，這九鼎還特別漂亮，鼎身刻繪着不同的奇珍異獸圖案。

真想看一看。

可惜你沒機會啦，它們早就失蹤了。

這麼珍貴的九鼎，怎麼會不見了？

相傳，九鼎在夏、商、周被視為鎮國之寶，傳承三朝，之後就找不到了。

關於它的蹤跡沒有任何記載嗎？

雖然《史記》《漢書》等史料中，都記載了九鼎的下落，但多是自相矛盾的，缺乏可靠證據。

都是怎麼說的？

譬如《史記》上說，周耀王死後，秦穆公把九鼎從周王朝掠奪回了秦國都城。

那就是在秦國了！

可是，班固的《漢書》卻說，周顯王在公元前 327 年將九鼎沉入現在的徐州泗水中。

秦始皇統一天下後，曾派人在泗水中打撈，結果一無所獲。

後來的歷史學家沒有去探究九鼎的下落嗎？

史學界普遍認為，九鼎屬於傳世鎮國之寶，末代周王是不敢輕易銷毀的。九鼎最終應該還是落在秦始皇手裏了，在他死後，可能一起陪葬皇陵了。

好好的寶物，就這麼下落不明了。

你塞兩顆酸草莓到嘴裏，我說不定就能判斷出九鼎的位置啦！

真的嗎？那我試試。

是這樣嗎？好酸……九鼎在哪裏？

你現在的臉這麼大，不就是「一顏九鼎」嘛！

你在看甚麼？

這草莓太酸了，我懷疑是小番茄貼了面膜假冒的！

　　夏朝大禹鑄造的「九鼎」曾是最高權力的象徵，是傳承三朝的國寶。雖然傳說九鼎被周王下令拋入水中，但在商代夏、周克商，以及秦滅周這些朝代更迭的歷史長河中，都有遷九鼎的記載。而劉邦入咸陽，《史記》並沒有關於其動用九鼎的記載，因此很多人推測是秦始皇將九鼎作為陪葬品埋入了墓中，也可能是秦亡時毀掉或遺失了。總之，九鼎下落至今不明。

勾踐真的「卧薪嘗膽」過嗎？

學習需要吃苦！

誰說我沒吃苦，我一直在吃呀。

你哪裏吃苦了？

我看書前才吃了一大塊黑巧克力，苦死我了……

我是讓你學習越王勾踐臥薪嘗膽的吃苦精神！

薪是柴火吧，家裏又沒有柴來給我睡。

讓你多學習，不聽，瞧瞧，沒文化，鬧笑話！

我鬧甚麼笑話了？

「臥薪嘗膽」的「臥薪」不是睡在柴上。其實「臥薪」一事到底有沒有還不一定呢。

反倒《後漢書》裏講到，越王勾踐日夜操勞，常累到眼皮打架，即「目臥」，他就用苦菜刺激眼睛的方法來提神。

這像是在滴眼藥水……

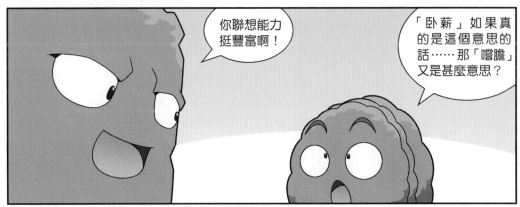

你聯想能力挺豐富啊！

「臥薪」如果真的是這個意思的話……那「嘗膽」又是甚麼意思？

據說，越王勾踐經常把苦膽懸掛在眼前，時不時舔兩口，連吃飯都要用苦膽下飯！

他為甚麼要這麼做？

因為勾踐曾做過敵國吳國的俘虜，過了三年奴隸般的生活。他被放回國後，就靠吃苦膽來提醒自己，必要報仇。

他可真記仇。

君子報仇，十年不晚嘛。勾踐忍了十年，最終滅了吳國。

是個英雄好漢！

但是，我好像在書上看到過吳王夫差有「坐薪嘗膽」的事……

吳王夫差？不是越王勾踐嗎？

我搜給你看。

哎呀，網絡上的說法也太多啦。

北宋文學家蘇軾還說過三國時期的吳帝孫權也嚐過苦膽。

那到底是讓我跟誰學嘛……

從歷史上看,這件事《左傳》和《史記》是記載較早的,比較靠譜。

嗯。

但是,《左傳》和《史記》裏只說了勾踐「嚐膽」之事,沒提過他「臥薪」。

那「臥薪嚐膽」到底是怎麼傳出來的?

這個呀,最早出現在蘇軾的《擬孫權答曹操書》中,他頗具創意地將「臥薪嚐膽」作為一個成語使用,還被大家接受了。

這就是知名文人的影響力呀!

那如此說來，「臥薪」這件事應當是後人牽強附會的了？

也許吧。

既然是捏造的事情，我就不用學啦。

你給我回來！

這件事的細節或許不夠真實，不過勾踐辛苦十年、成功復國是鐵打的事實。

所以，你也必須要磨煉自己！

你想讓我學，就告訴我勾踐到底有沒有「臥薪嚐膽」！

那段歷史太遙遠了，無從知曉嘍。

你自己都弄不清楚，憑甚麼讓我學！

無論如何，從今天起我得逼着你吃苦！

你想幹嗎？

苦瓜粥、苦瓜汁、炒苦瓜，一日三餐，頓頓吃苦瓜！

你快看看我耳朵是不是長反了？「苦口逆耳」，我這兩天嘴巴總是苦苦的。

是「苦口婆心」和「忠言逆耳」！你記錯成語了。

　　「卧薪嚐膽」發生在春秋時期，講的是越國的君王勾踐忍辱復國的故事。但是，記錄春秋史料的《左傳》和《國語》中，雖然都詳細記述了關於越王勾踐的生平事蹟，卻都沒有提及他卧薪嚐膽一事。一直到了漢代才有了最初的記載。這讓人不禁懷疑起越王勾踐「卧薪嚐膽」的真實性。

「夜郎古國」
到底在哪裏？

歡迎來到「可樂之鄉」！

這裏會有喝不完的可樂嗎？

你別滿腦子都是碳酸飲料。

那我不想飲料了。

可樂餅總該有吧？

……

甚麼都沒有，那這裏幹嗎叫「可樂之鄉」？

這「可樂」是彝語「柯洛洛姆」的音譯，意思是「中央大城」，傳聞是夜郎國遺址。

夜郎自大，就是出自這個國家名字的成語！

這國家怎麼聽着有點耳熟……

我就說嘛，那這個國家的人都非常傲慢了？

其實沒有傳聞中的自大啦。因為夜郎國在偏遠山區，交通不便，資訊閉塞，所以夜郎王見到漢朝來的使者，出於好奇才問了一句「我們夜郎和漢，哪個更大呀」。

原來如此，沒想到夜郎國的這種言行，就被當成不自量力了。

不過，當時的夜郎國，確實也有一點驕傲的資本。據《史記·西南夷列傳》上說，西漢時期夜郎國是少數民族國家裏最大的一個呢！

《史記》上有沒有說夜郎國到底多大？

唉，記載都很簡略。

現在還沒有找到確切的遺址？

嗯。不過多數人認為，夜郎國的地域主要在西南一帶。

這樣厲害的國家到底存在了多久？

300 年左右，大概存在於戰國至西漢成帝時期。

在考古發掘沒提供更可靠的證據之前，可能這樣的爭論還得繼續下去。

是啊。

管那麼多做甚麼，我們就先享受眼前風景吧！

好多竹子呀。

據說夜郎國的圖騰就是竹子。

我明白了，這裏的特產肯定是竹筍！

你別只想着吃喝，也要對當地特色上點心！

當地特色點心？在哪裏？

這是甚麼啊，看着好嚇人！

這就是你要的當地特產，可樂豬啊！

成語「夜郎自大」中的夜郎國，並非彈丸之地。《史記》中提到，夜郎國有精兵 10 萬，是生活在貴州一帶的城市農耕民族，前後約存在了 300 年，與樓蘭古國、大理古國並稱為中國歷史上最神祕的國家。雖然文獻上有隻言片語的記載，但是夜郎古國的具體地址依然無法斷定。

為甚麼海昏侯墓中藏有大量黃金？

真希望有一大堆黃金出現在我面前！

海昏侯珍寶黃金展
今日免費

你的願望實現了。

黃金？哪兒呢？

那裏！

海昏侯珍寶黃金展
今日免費

98

這海昏侯應該很有錢！

可惜都拿不走。

是西漢的廢帝劉賀。

對了，海昏侯是誰啊？

你看這個金子的造型，好像蛋撻呀！

那叫西漢金餅，可以自己收藏，也可以賞賜下屬、饋贈親友，還能用來當貢品。

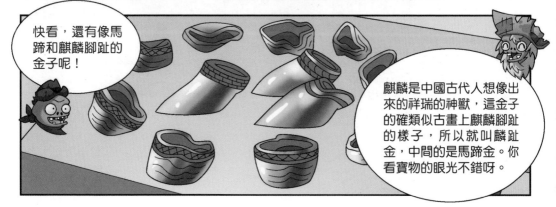

快看，還有像馬蹄和麒麟腳趾的金子呢！

麒麟是中國古代人想像出來的祥瑞的神獸，這金子的確類似古畫上麒麟腳趾的樣子，所以就叫麟趾金，中間的是馬蹄金。你看實物的眼光不錯呀。

他肯定非常受寵，皇帝才會賞賜那麼多金子。

受寵的是他父親劉髆，被封為昌邑王，劉賀只是繼承了王位和財產。

那這裏的黃金，可以說是兩代人的財富積累呀！

可以這麼說，不過劉賀有過一段特殊經歷，對這些黃金積累的影響更大一點。

甚麼特殊經歷？

當皇帝的經歷。劉賀當過 27 天皇帝，後來被趕下台了。

聽上去有點慘。

是呀，後來又被漢宣帝剝奪了昌邑王封號，改封為海昏侯。

「王侯將相」，這侯排在王下面，俸祿是不是減少了？

嗯，古代封王萬戶，他被冊封為海昏侯的時候，有記載說是「食邑四千戶」。

他俸祿少了一大半，那應該沒這麼多黃金呀。

這就是最有趣的地方，你先跟我過來！

看到那上面的兩個字了嗎？

嗯。

西漢有一種酎金制度，就是每年八月，天子祭祀宗廟，諸侯王、列侯們都要自掏腰包、供金助祭。

自己出錢來輔助祭祀？這……感覺這是朝廷斂財的手段呢。

沒錯，這也是西漢王侯們最頭疼的問題。當時許多人怕交不上貢金，所以連自家辦喪事，都不敢拿很多黃金用於陪葬了。

這些黃金賞來賞去，還是回到皇帝手裏了。

只有劉賀是個例外。因為朝廷覺得他是廢帝，十分不祥，就不讓他參加祭祖了。

這下子省錢啦！

唉，可劉賀畢竟當過皇帝，漢宣帝不放心，就派人監視他。劉賀時刻生活在皇帝的監視中，也不敢過得太奢靡。

原來如此。

這樣一來，他鑄造好的金餅、馬蹄金花不完，就全存下來了。

最後都陪他入了土。

據檢測，海昏侯墓出土的黃金純度有99%，不知道哪裏還能找到這種金餅，有一個就發大財啦！

我知道有一個地方，百分百有「金」「餅」。

在哪裏？

字典裏！

哈哈，我竟然在家裏撿到金餅啦！

別激動，那只是我做的金箔甜餅。

　　江西省的海昏侯墓是西漢廢帝劉賀的墓葬，也是目前發現的最大的漢代列侯等級墓，出土的金器有285枚黃金餅、33枚馬蹄金、15枚麟趾金，以及20塊金板等，總共將近400件。如此豐厚的陪葬品，堪比帝王待遇。從這些金器推測，劉賀的家產可能主要來源於其本身尊貴身份的世代承襲，以及興盛時期皇帝的恩寵賞賜。

阿房宮是被項羽焚毀的嗎？

你說說看，天下第一官是誰？

宰相！

不對，是與我們的生活關係很密切的。

縣官？

不對，是五官啦！

再問你一個，天下第一宮是哪兒？

這個我知道，就是這座阿房宮！

我以前學過一篇古文《阿房宮賦》，裏面說阿房宮遍地都是金銀珠寶！

沒錯。這阿房宮可是秦始皇的大工程。

可惜，都被西楚霸王項羽給燒光了。

不可能！

杜牧那句「楚人一炬，可憐焦土」，寫得清清楚楚！

那是文學想像啦！阿房宮只是一座未完工的「爛尾樓」，又怎麼會被燒毀呢？

啊？杜牧難道不是根據《史記》撰寫的那篇文章嗎？

雖然《史記》記載項羽「燒秦宮室，火三月不滅」，但最近考古發現，項羽燒毀的不是阿房宮。

那是甚麼宮殿？

是咸陽宮，因為考古學家在咸陽宮遺址發現了紅燒土遺跡，還有大量的草木灰。

那阿房宮裏也就不存在珠寶了？

阿房宮，史料上也只記載了秦始皇花費四年時間建成土夯。考古學家對遺址進行「地毯式」勘探後，也沒有找到帶有宮廷生活痕跡的出土物品。

據說，秦始皇的兒子本想實現先皇遺願，召集人手重新建宮，無奈當時各地起義不斷，到處都需要人丁去打仗，建宮的事情就不了了之了。

原來如此。

還是無法相信，我們眼前的阿房宮，竟然從未真實存在過。

別太失望啦，說不定還有一些證據沒被發現。

我也要努力，以後當個考古學家。

加油！我們先去裏面感受一下。

哎喲！

你慢一點，我知道你心急，可也用不着馬上開始扒土啊。

快起來吧！

不用，我是熱愛這裏，所以才故意親吻大地！

阿房宮，是秦始皇建造的最華麗的一座宮殿。《史記·秦始皇本紀》記載其「乃營建朝宮渭南上林苑中，先作前殿阿房，東西五百步，南北五十丈，上可以坐萬人，下可以建五丈旗」。傳聞最後被項羽一把火燒光了。但是，如今考古學家發現這座宮殿可能只是古人想像出來的，而項羽燒了秦始皇依據龍脈所建的「咸陽宮」卻是不爭的事實。因此，項羽火燒阿房宮一事極有可能是誤傳。

秦朝的古劍為何千年不腐？

白蘿蔔，你在幹嗎？

嘛り～

還用問嘛，我在磨劍呢！

你這樣磨，我很擔心啊。

嘛り～
嘛り～

擔心甚麼，沒聽古人說過「十年磨一劍」嗎？

可是古人也說過「鐵杵磨成針」呀。

不過，我倒是見過秦始皇的一把劍，歷經兩千年還沒壞，且鋒利無比。

好神奇！你帶我去看看吧。

就是那一把。

果然跟新的一樣。

沒錯，這得益於它表面的特殊材質。

甚麼材質？

這上面有鹽？會不會很鹹？

鉻鹽化合物。

是鉻鹽啦，可以抗氧化，不是你吃的那種鹽。

科研人員測試發現，這把劍的表面有一層10微米厚的鉻鹽化合物，能防止寶劍生銹。

這聽起來非常先進。

沒錯。這種鉻鹽氧化處理方法，德國在1937年、美國在1950年先後發明並申請了專利。

沒想到中國在秦朝就有啦！

或許，還要更早！

怎麼說？

還記得越王勾踐嗎？

記得啊。

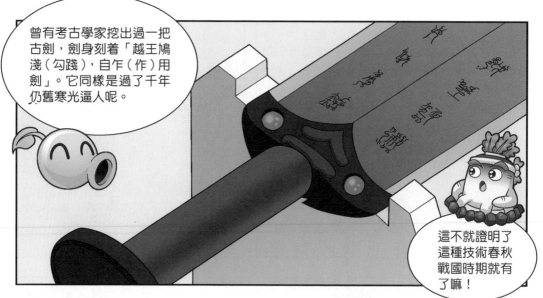

曾有考古學家挖出過一把古劍，劍身刻着「越王鳩淺（勾踐），自乍（作）用劍」。它同樣是過了千年仍舊寒光逼人呢。

這不就證明了這種技術春秋戰國時期就有了嘛！

古人的智慧不是我們所能想像的。

聽說這把劍剛發現的時候，有一件事更驚人呢。

甚麼事啊？

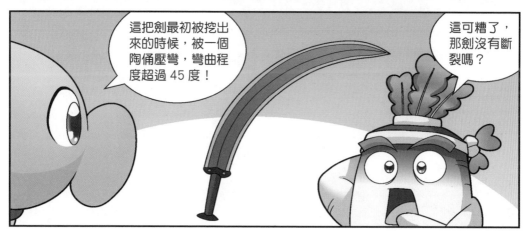

這把劍最初被挖出來的時候，被一個陶俑壓彎，彎曲程度超過 45 度！

這可糟了，那劍沒有斷裂嗎？

當然沒有，當人們移開陶俑，這把劍一瞬間反彈平直，恢復原貌了！

太神奇了！這好像衛星用的「形態記憶合金」哪。

至今科學家都沒有辦法解釋這超常的科技早熟現象。

我的劍要是也能這樣就好啦。

我有辦法了！

你塗上這個。

這是鉻鹽塗料？

不是，你走到暗一點的地方。

哦。

我塗了熒光劑，把它做成熒光劍，再也不會生鏽啦！

你說在家發現了一把永遠不會生銹的劍，是甚麼寶劍？快給我看看。

這個呀……是唇槍舌劍！

中國的陝西省曾發掘出一批秦朝的青銅劍，它們被掩埋了兩千多年，出土時仍然光亮如新。經過測試，科學家發現其表面有一層鉻鹽化合物。這種特殊材料，德國和美國都是在近現代才發現的。對於中國古代如何掌握這麼先進的技術，至今無人能解其中奧祕。

精絕國為甚麼會驟然消失？

好渴，一滴水也沒有了！

就剩最後這一招了。

你不喝嗎？

你先來吧。

古有「望梅止渴」，你就「望水止渴」吧。

這些人後來去哪裏了？好像沒在這裏繼續發展吧。

或許是因為河流乾涸，遷到別處去了。

我記得玄奘在《大唐西域記》裏提到過一個位於尼雅河上游的尼壤城，很可能是精絕國人遷徙過去的。

哦？

我發現一些神祕的木板，上面的字看不懂……

文字記載說精絕國曾遭到敵軍入侵！

唉，又是被戰爭毀掉的國家。

別傷心了，年代那麼久遠，誰也無法了解真相。

我們還是專心找寶藏吧！

我們找到寶藏能運出去嗎？

沒有水了，我怕會跟它們一樣，最後是被人挖出去的。

別瞎想了，樂觀一點。

好吧，包裹還有雞翼嗎？給我一對！

還有一袋沒吃，你想幹嗎？

我想搞個惡作劇！

吃完了，把雞翼壓在身下，留給未來考古學家一個千古謎題！

有河了，獲救了！

你出現幻覺了⋯⋯那是銀河，沒有水啊！

「精絕國，王治精絕城，去長安八千八百二十里，戶四百八十，口三千三百六十，勝兵五百人」，《漢書》中如此介紹精絕國。它曾是絲綢之路上極為繁華熱鬧的都市，最終卻淪為廢墟。對精絕國的沒落，答案不一而足。有人猜測是河流乾涸導致的人口遷徙，有人猜測是遭受神祕人的入侵。到底哪個才是真正原因，一直迷霧重重。

歷史中的謎團

晉武帝司馬炎是西晉的開國皇帝，也是三國時期魏國名臣司馬懿之孫。他年輕時驍勇善戰、果敢英武，一舉破魏滅吳，統一中原。但是，年老的晉武帝卻將司馬家的江山傳位給了一個「傻」太子司馬衷。

司馬炎一生共有 26 個兒子，但原本應當繼位的長子司馬軌早夭，於是太子之位就落到了次子司馬衷手上，即後來的晉惠帝。司馬衷在歷史上以「愚笨」聞名，廣為流傳的「何不食肉糜」便出於他的口中。

有一年國家鬧饑荒，百姓們沒有糧食，只能以草皮、樹根充飢。當大臣們將這一消息上報給司馬衷時，他撓了撓頭，回答道：「既然沒有糧食，那他們為甚麼不喝肉粥呢？」朝廷上下啞口無言。後世的史學家們也因此評價他「惠帝之愚，古今無匹」，可見他有多麼不諳世事。

傳位給這麼個「傻」太子，可謂是一步錯、步步錯。司馬衷登基後，愚笨不能任事，由皇后賈南風掌控實權，禍亂內政，致使「八王之亂」爆發，導致了西晉王朝的覆滅，此時距司馬炎逝世才剛剛過去了 25 年。這場動亂也帶來了歷史上著名的「五胡亂華」，使中原大地陷入長達 300 多年的分裂與混亂中。

對於自己兒子的痴傻，司馬炎其實是了解的，選他做繼

承人與當時的皇后有很大關係。司馬炎的楊皇后是司馬衷生母，司馬炎曾多次表示想換太子，都遭到楊皇后的反對，她認為司馬衷看上去不聰明，卻忠厚純良，如加以教導，定有長進。司馬炎聽信楊皇后的話，就沒再提換太子的事了。

但是，晉武帝司馬炎平常行事果斷，頗有遠見，在立儲這等大事上卻輕信後宮之言，有些不合常理。他這麼做，到底是為討皇后歡心還是另有隱情，只能等進一步研究了。

? 中國歷史上第一位女皇帝到底是誰

提到中國的女皇帝，我們腦中第一個跳出的往往是千古女帝武則天。在我們的認知中，武則天是中國第一位也是唯

一的女皇帝，其實不然。在中國漫長的歷史長河中，還出現過幾位鮮為人知的「女皇帝」。

嚴格意義上的第一位「女皇帝」出現於北魏時期，史稱元姑娘，諡號魏殤帝。那作為皇帝，為甚麼元姑娘連名字都沒有呢？這要從她的祖母說起。北魏玄武帝時，皇后胡氏生性桀驁，善於謀略。玄武帝駕崩後，6 歲的孝明帝繼位，成了太后的胡氏開始向皇權下手。當時孝明帝年幼無知，她便垂簾聽政，成為國家的實際掌權者。但胡氏奢靡無度，招致天下人的厭惡。孝明帝漸漸長大，着手奪權。不想胡氏被權力衝昏了頭腦，竟將他毒死了。

國不可一日無君，當時孝明帝只有一個剛出生的公主，胡氏對外宣稱這是皇子，並將公主女扮男裝，迅速迎「他」為帝。這位被推上皇位的孩子，就是元姑娘。但胡氏轉念一想，女兒身的事紙包不住火，必定波及自己，於是僅在一天後，就廢黜了元姑娘。雖然史書中從不將她列入正統帝系，但也有學者認為，元姑娘確是一個登上過皇帝寶座的女性，這一事實不容抹殺。

此外，在武則天稱帝的 37 年前，唐朝其實還出過一位叫作陳碩真的女皇帝，她自稱文佳皇帝。陳碩真原是一介農婦，在一鄉宦人家做工。當時浙江一帶遭遇洪災，朝廷還照收各種賦稅，導致民眾流離失所。陳碩真偷偷開了東家的糧倉救助鄉民，被發現後受盡折磨。鄉親們不忍她受苦，便在

夜裏將她救了出來。陳碩真認為，只有推翻朝廷才能使鄉親們過上好日子，於是幾年間匯聚了上萬民眾，於 653 年揭竿起義，她自稱文佳皇帝。但起義軍缺乏經驗，被官府鎮壓了下去。陳碩真是中國歷史上女性自稱皇帝的第一人，史學家翦伯贊稱她為「中國第一個女皇帝」。

唐太宗為甚麼要篡改國史

　　唐太宗李世民是一位賢明的治國之君，不僅開創了繁榮安定的「貞觀之治」，其勤於政事、體恤百姓、舉賢任能的舉措還久為後人稱道。但即使是這樣的明君，也難免會有一些瑕疵污點。如其大肆修篡國史，便是畢生美名中的一點不足。

　　歷史的記載對於文明的傳承相當重要，相傳在夏朝便有

了史官的存在。而在唐太宗之前，史官相對於皇權有很強的獨立性，他們所寫的東西皇帝本人是不能看的。這無形中對君王的言行形成了一種約束，如果想要名垂青史，就必須規範自己的言行。

但李世民繼位後，卻下令將史館移至宮中，所寫史書皆由宰相監修。從此，史館成為皇帝直接控制的一個常設機構，專門負責修撰當朝國史。身處天子腳下，史官便很難做到秉筆直書了，只能按統治者的意圖撰寫歷史。那麼，是甚麼原因促使李世民不惜改變千年來的制度，力排眾議，定要插手史書的編撰呢？

一種說法認為，李世民篡改國史是為了給自己皇位的合法性做辯護。我們都知道，李世民是在「玄武門之變」後登上皇位的，他在玄武門殺了自己的長兄皇太子李建成，又戕害了四弟李元吉，之後逼迫父親唐高祖李淵退位，從而稱帝。這樣的行為不符合封建法統和倫理，不利於得到民心。於是在李世民的授意下，史官們將「玄武門之變」寫成「安社稷，利萬民」的大義行為，並擴大建唐時李世民的功勞，弱化李建成的業績，降低李淵的作用，偏離了史實。這樣，李世民成了開創唐朝的首位功臣，繼承皇位也就顯得合理得多。

還有說法認為，唐太宗如此修改國史，是出於當時政治的需要，而不是為了自己的千古名聲。篡改後的唐史中，李淵由主動起兵變為被動起兵，是在隋煬帝的逼迫下不得不起

兵的正義之師，這樣一來，李淵就成了符合儒家道德要求的
忠臣，他的行為都是合情合理的，能夠防止百姓以此為例起
兵造反，從而穩定了國家社稷。

？ 岳飛真的死於秦檜之手嗎

岳飛是南宋抗金名將，位列南宋「中興四將」之首，曾
率領岳家軍奮勇北伐，力圖恢復宋室江山、一統天下，是我
們最為熟知的大英雄。

1141 年，岳飛帶領岳家軍出征，當時形勢大好，收復
中原勝利在望。但獲勝前夕，宋高宗在秦檜的挑唆下，一日
內連發十二道金牌，召岳飛回京，十年之功，毀於一旦。之

後不久，朝廷便以「莫須有」的罪名，將岳飛及其子岳雲一同毒死在風波亭。

幾百年來，世人都認為秦檜是陷害岳飛的罪魁禍首，至今我們仍能看見秦檜夫婦的銅像跪在岳飛墓前，遭受萬人唾罵。但隨着研究的深入展開，對於岳飛的死因，史學家們又提出了另一種說法：害死岳飛的也許是宋高宗趙構，秦檜只是代帝施令罷了。

這種說法其實並非無稽之談。一方面，岳飛天性豪爽，做事衝動，曾向宋高宗上書立儲之事，而不管甚麼朝代，武將干涉立儲都是大忌，如果手握兵權的武將和儲君聯手，皇上的皇位自然也就坐不穩了。所以當時宋高宗便已經與岳飛產生了隔閡。另一方面，「靖康之變」後，金兵俘獲了宋徽宗、宋欽宗。岳飛奮力抗金，就是為了迎回這兩位皇帝。而

如果二帝歸國，宋高宗的皇位自然不保，因而宋高宗一直不願攻金，倆人從根本上就產生了分歧。此外，當時岳飛已深受民眾愛戴，威名遠播，有功高蓋主之嫌，並且性格剛烈的他曾多次忤逆宋高宗的旨意，惹得君心不快。如此種種行為都觸犯了宋高宗的龍顏，最終導致岳飛被賜死風波亭的慘案。

關於岳飛的死因還有一些不同的猜測，至於真相究竟如何，仍是未解之謎。

？ 馬其頓國王亞歷山大大帝是怎麼去世的

亞歷山大大帝即亞歷山大三世，是世界歷史上極為偉大的軍事家、政治家，其父是著名的腓力二世，師從古希臘著名學者亞里士多德。亞歷山大大帝在位期間，僅用十餘年便先後統一希臘，佔領埃及，蕩平了波斯，使馬其頓王國成為橫跨歐亞非的龐大帝國。但是，公元前 323 年，這位縱橫天下的大帝卻在巴比倫猝死，年僅 33 歲。

在大多數史書記載中，說是亞歷山大大帝在一次酒宴上大醉，還發了高燒，結果不幸身亡。另有說法則稱，亞歷山大大帝長年征戰在外，體能透支，後來又在沼澤地區作戰，染上了惡性疾病才不幸離世。美國疾病控制和預防中心也認同這個說法，曾發表過關於「亞歷山大大帝死於西尼羅河病毒」的多篇論文。此外還有人認為亞歷山大大帝是被人下毒

致死的。古希臘史學家阿里安所著的《亞歷山大遠征記》中提到，亞歷山大大帝手下有一位部將叫作安提帕特魯，由於受了冤枉，懷恨於心，便將毒藥混在美酒中致其一命嗚呼。

　　根據史料記載，亞歷山大大帝轟然猝死後，國家大亂，他的遺體由部將托勒密運往埃及，並在埃及鑄造了規模龐大的亞歷山大城來安放其陵墓。作為千古一帝的陵墓，之後的幾個世紀中，不斷有名人來此朝聖，包括凱撒、屋大維、提比略等羅馬皇帝。可奇怪的是，後來這座宏偉的陵墓就像人間蒸發一般消失了，所有的史書中也再未提過關於它的隻言片語，史學家們至今也沒有找到相關的遺跡。神祕消失的陵墓無疑為亞歷山大大帝的死因又添了一層迷霧。歷史成謎，如今我們所能做的，只有謹表敬意了。

在公元 64 年的 7 月 18 日，羅馬城發生了一起轟動世界的火災，火勢蔓延了整整一天（一說六天）才滅去，而這場大火發生的原因一直是樁懸案。

這場大火由羅馬城西南部的大競技場開始燃起，由於場內堆滿了帳篷等易燃物，火勢蔓延得很快。借助盛行的西南風，一天之內熊熊烈火幾乎包圍了整個羅馬城。當時羅馬共 14 個行政區，僅 4 個區未被波及，有 3 個區化為灰燼，另外的 7 個區遭到重創，只剩下斷瓦殘垣，成了廢墟。

這場大火被稱為羅馬歷史上空前的災難，數萬人葬身火海，許多羅馬早期的宮殿、神廟及其他建築統統化作了焦土，羅馬人在百年間掠奪來的奇珍異寶及書畫文籍也毀於一旦，實在令人惋惜。關於羅馬大火的起因，歷來眾說紛紜，在官方記載中是自然起火，但人們更願意相信兇手是當時羅馬的最高統治者——尼祿皇帝。

尼祿是羅馬帝國第五位皇帝，生性殘暴，在位期間弒母殺妻，濫殺平民，史稱「嗜血的尼祿」。尼祿對藝術有種病態的熱愛，根據史學家蘇埃托尼烏斯的記錄，尼祿對於當時羅馬城中「難看的舊建築和曲折狹窄的舊街道」很不喜歡，但是並無足夠的理由去拆除這些建築，便命人在半夜偷偷縱

火，索性焚毀城鎮。果然，在火災後不久，尼祿就在廢墟中建起了極盡奢華的「金宮」，印證了這個傳言。親歷了這場大火的古羅馬史學家塔西佗也認可這個說法，那年他9歲，說當時有人不斷地阻止着想要救火的羣眾，還有人竟公然到處投放火把，同時高喊着，他們是奉命這麼做的。

繁華的古羅馬城在頃刻間化為烏有，似乎一切矛頭都直指這位以殘暴著稱的皇帝，但至今沒有更直接的證據證明是尼祿策劃了這場大火。所以，這場火災的起因仍然沒有定論。

□ 責任編輯：華　田
□ 裝幀設計：龐雅美　鄧佩儀
□ 排　　版：楊舜君
□ 印　　務：劉漢舉

植物大戰殭屍 2 之未解之謎漫畫 08
—— 歷史未解之謎

□
編繪
笑江南

□
出版
中華教育
香港北角英皇道 499 號北角工業大廈一樓 B
電話：(852) 2137 2338　傳真：(852) 2713 8202
電子郵件：info@chunghwabook.com.hk
網址：http://www.chunghwabook.com.hk

□
發行
香港聯合書刊物流有限公司
香港新界荃灣德士古道 220-248 號
荃灣工業中心 16 樓
電話：(852) 2150 2100　傳真：(852) 2407 3062
電子郵件：info@suplogistics.com.hk

□
印刷
泰業印刷有限公司
大埔工業邨大貴街 11 至 13 號

□
版次
2023 年 9 月第 1 版第 1 次印刷
© 2023 中華教育

□
規格
16 開（230 mm×170 mm）

□
ISBN：978-988-8860-66-1

植物大戰殭屍 2．未解之謎漫畫系列
文字及圖畫版權 © 笑江南
由中國少年兒童新聞出版總社在中國首次出版　所有權利保留
香港及澳門地區繁體版由中國少年兒童新聞出版總社授權中華書局出版